Exposition Universelle

DE 1878

DESCRIPTION COMPLÈTE ET DÉTAILLÉE DES PALAIS

DU CHAMP DE MARS ET DU TROCADÉRO

PARIS

LE BAILLY, ÉDITEUR-EXPOSANT

6, rue Cardinale, et 2, rue de l'Abbaye

— 1878 —

[illegible]

[illegible]

[illegible]

[illegible]

[illegible]

EXPOSITION UNIVERSELLE

DE 1878

L'EXPOSITION

STANCES

Chantées par Mlle **BADE** au Théâtre de l'Athénée-Comique,
Dans la Revue **Les Boniments de l'Année.**

PAROLES | MUSIQUE
de **W. BUSNACH** et **P. BURANI.** | de **ANTONIN LOUIS.**

Entendez-vous? c'est l'usine qui gronde,
La vapeur siffle, et l'outil grince et mord ;
C'est le travail régénérant le monde,
But fraternel de cent peuples d'accord.
Il est sauvé, le peuple qui travaille;
Il en devient plus fier, plus fort, plus grand,
Oui, le progrès est un champ de bataille
Où nous voulons garder le premier rang.

O mon pays, ma noble France,
De l'avenir sois la clarté !
Garde toujours la place immense,
Que tu tiens dans l'humanité.

Ton drapeau, France, a fait le tour du monde;
Plus glorieux est ton génie encor :
De l'industrie, en prodiges féconde,
O mon pays, tu diriges l'effort !
Paix et travail ont aussi leurs conquêtes,
Gloire sans deuil que rien n'obscurcira ;
La France appelle à ces splendides fêtes
Tout l'Univers...., et l'Univers viendra....

O mon pays, etc.

De nos revers ce sont les représailles :
Et nous restons la grande nation :
Le laurier d'or des gagneurs de batailles,
Est devenu le blé d'or du sillon !
Nous avons eu nos grands jours de vaillance,
France, ton nom fut partout redouté ;
Mais aujourd'hui c'est un chant d'espérance,
C'est l'hymne saint de la Fraternité !

O mon pays, etc.

La musique de l'EXPOSITION est en vente chez LE BAILLY, Éditeur, 6, rue Cardinale, Paris, au prix de 40 centimes, petit format, musique de chant, et 1 fr., grand format, avec accompagnement de piano.

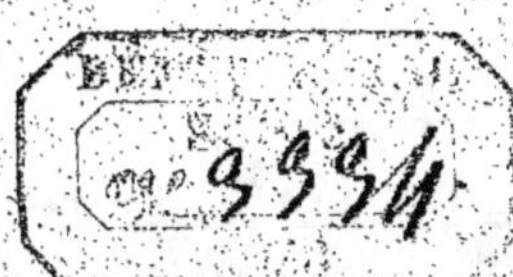

EXPOSITION UNIVERSELLE des Produits de l'Industrie. Paris. 1878.
Imagerie de P. DIDION, à Metz.
Déposé

EXPOSITION UNIVERSELLE DE 1878

DESCRIPTION COMPLÈTE ET DÉTAILLÉE

des Palais du Champ de Mars et du Trocadéro;
des *Expositions des nations étrangères*;
des *Expositions particulières françaises*;
des Expositions de la Ville de Paris;
des Ministères, des Beaux-Arts;
des Pavillons, Bâtiments, Annexes, Aquariums, etc.,
situés dans les jardins du Champ de Mars,
du Trocadéro,
Quais, Avenues et Esplanade des Invalides,

PAR

J. DE RIOLS

* * *

PARIS

LE BAILLY, ÉDITEUR-EXPOSANT

6, rue Cardinale, et 2, rue de l'Abbaye

— 1878 —

EXPOSITION UNIVERSELLE

DE 1878

I

Utilité des Expositions. — Travaux préparatoires pour l'Exposition de 1878. — Administration. — Personnel. — Un peu de biographie.

Nous n'avons pas la prétention de donner, dans cet ouvrage, une description minutieuse et complète de l'Exposition universelle ; il nous faudrait pour cela plus d'espace que nous n'en avons, et dix gros volumes ne suffiraient même pas à enregistrer tout simplement les innombrables curiosités qui sont entassées au Champ de Mars et au Trocadéro.

Nous nous bornerons donc à décrire les grandes divisions des terrains de l'Exposition, les principaux bâtiments, les installations étrangères, les installations françaises, etc., nous arrêtant plus particulièrement sur les parties les plus remarquables de cet amoncellement de merveilles.

Le lecteur sait ce qu'est une *Exposition universelle*. C'est une manifestation industrielle, économique et artistique, à laquelle une nation convie toutes les autres. Chaque pays apporte là tout ce qu'il croit devoir faire plus particulièrement ressortir son génie. Chaque manufacturier, grand ou petit, chaque inventeur, chaque producteur, y montre les produits de son travail et de ses recherches. C'est une lutte pacifique où le travail seul est en cause, et où le prix est adjugé à celui qui a fait plus et mieux pour l'utilité publique.

De toutes les Expositions universelles qui ont déjà eu lieu, et elles commencent à être nombreuses, celle de 1867, à Paris, est incontestablement celle qui a réuni le plus grand nombre d'exposants et de visiteurs. Elle comprenait 50,226 exposants, et 10,900,000 visiteurs y furent admis. Elle dura 210 jours. L'Exposition universelle de 1878 produira des chiffres beaucoup plus considérables. Les terrains qu'elle occupe sont presque deux fois plus étendus que ceux de l'Exposition de 1867, et, ce dont il y a lieu de s'étonner, en raison des complications survenues en Europe pendant les travaux, les immenses constructions, les aménagements, les mouvements de terrain, ont été effectués et accomplis avec une régularité et une rapidité extraordinaires.

Deux mois avant l'ouverture, tous les visiteurs qui étaient admis à pénétrer sur les chantiers se posaient cette question : « l'Exposition pourra-t-elle être ouverte le 1er mai ? » Et l'on n'osait l'espérer : il restait tout à faire ! Mais il faut remarquer que beaucoup de puissances, et même beaucoup d'exposants particuliers, ont fait créer et préparer leurs installations en dehors des palais de l'Exposition, n'ayant plus ensuite qu'à charger le tout sur des wagons, à le faire transporter à pied d'œuvre, et à ajuster ensuite les différentes pièces. C'est ainsi qu'a été construite l'imposante façade du bâtiment de la Belgique, entièrement construite en marbre : chaque bloc, de quelque grandeur qu'il soit, a été taillé dans les chantiers belges, numéroté, catalogué, puis transporté au Champ de Mars, où les grues et les truelles ont achevé l'ouvrage.

Voilà comment, quarante ou cinquante jours avant l'ouverture de l'Exposition, les travaux ont semblé marcher avec une rapidité féerique.

Les sections étrangères qui étaient le plus en retard et qui ont par conséquent été installées le plus rapidement ensuite, sont celles de l'Autriche-Hongrie, de la Russie, des États-Unis et du Japon. Pendant longtemps, l'espace réservé aux États-Unis est resté vide, simplement orné d'un écriteau en indiquant la destination, et l'on était tout surpris de voir, séparé par une cloison mitoyenne, l'espace du Canada et de l'Angleterre déjà tout encombré de matériaux et de produits innombrables, la plupart mis à leur place définitive.

Nous ne saurions commencer la description des deux palais de l'Exposition universelle sans donner la liste des hommes éminents chargés de la direction de ces remarquables travaux.

Il est juste que la France connaisse les noms de ces personnages, dont la plupart sont d'ailleurs familiers au public.

PERSONNEL DE L'ADMINISTRATION DE L'EXPOSITION.

COMMISSARIAT GÉNÉRAL.

MM. J. B.-Krantz (C. ✻), sénateur, commissaire général.
C. Krantz, chef de cabinet.
Ch. Ladreit de Lacharrière (✻), secrétaire du commissa-
riat général.
G. Géry, attaché.
A. Thurnesseyn, attaché.
Desmoulins, rédacteur.
Picot, rédacteur.
Escaly, chef du bureau des expéditions.

COMPTABILITÉ ET CONTRÔLE.

MM. Allain-Launay, inspecteur des finances, chargé de la comp-
tabilité et du contrôle.
Schœffel, régisseur.
De Leffe, archiviste.

SECTION FRANÇAISE.

MM. Dietz-Monin (✻), directeur.
Giroud, sous-directeur.
Crépinet (✻), architecte.
De Fallois, chef de groupe.
Lix, chef de groupe.
De la Massue, chef de groupe.
Lockert, chef de groupe.
Dheu, chef du service du catalogue.
Ch. Vincent (✻), chef du service de la correspondance.
Thielley, chef du bureau des expéditions.

SERVICE DES GROUPES ET COMITÉS.

M. Baudry, commis principal.

DIRECTION DES TRAVAUX.

MM. Duval (O. ✻), directeur.
De Dion, ingénieur.
Barrois, ingénieur.
Vallière, ingénieur.
Hardy, architecte.
Davioud, architecte.
Bourdais, architecte.
Aubertin, ingénieur.

Picq, inspecteur.
Gouny, inspecteur.
Charbonnier, sous-inspecteur.
Causel, ingénieur.
Raulin, inspecteur.
Pamard, inspecteur.
De Faucompré, conducteur.
Bérard, sous-inspecteur.
Métivier, sous-inspecteur.

SERVICE DES MACHINES.

MM. Lecœuvre, ingénieur, chef de service.
Debize, ingénieur en chef des manufactures de l'État.

SECTIONS ÉTRANGÈRES.

MM. G. Berger (✻), directeur.
Vergé, chef de service, auditeur au Conseil d'État.
De Codrika, traducteur.
Lannes de Montebello, attaché.
Lucien Étienne, architecte.
Ch. Morgan, archiviste.

DIRECTION DE L'EXPOSITION HISTORIQUE DE L'ART ANCIEN.

MM. De Longpérier (O. ✻), directeur.
Schlumberger, secrétaire général.
Bertéra, attaché.

BEAUX-ARTS.

MM. Le marquis de Chennevières (O. ✻), directeur.
Jamain, attaché.

AGRICULTURE.

MM. Tisserand (O. ✻), directeur.
Hardy, chef de groupe.
De la Blanchère, chargé de la pisciculture.
Focillon, chef de groupe.
Joigneaux, attaché.
Cabaret, commis d'ordre.

EXPOSITION TEMPORAIRE DES ANIMAUX VIVANTS.

M. Porlier (O. ✻), directeur.

M. le sénateur Krantz, l'illustre ingénieur, est assez connu pour que nous nous dispensions de parler ici de lui. Le poste qu'il occupe, et dont il est impossible de ne pas apprécier tout d'abord l'importance, en dit plus sur lui que toutes les biographies.

Nous dirons seulement quelques mots de *MM. Duval*, directeur général des travaux, *Davioud* et *Bourdais*, architectes du Trocadéro, et *Hardy*, architecte du palais du Champ de Mars.

M. Duval (Edmond) est né en 1824 et a par conséquent aujourd'hui cinquante-trois ans. Après avoir brillamment suivi les cours de l'École polytechnique, il entra dans le corps des ponts et chaussées, où ses talents le firent bientôt remarquer et classer au nombre de nos meilleurs ingénieurs. Il fut chargé, en qualité d'ingénieur en chef, des travaux du réseau central de la compagnie du chemin de fer d'Orléans, tâche difficile dont il s'acquitta à son honneur. En 1867, il fut attaché, comme sous-directeur des travaux, à l'Exposition universelle de Paris et promu, après l'Exposition, au grade d'officier de la Légion d'honneur. L'État ne pouvait faire un choix plus heureux en confiant à M. Duval la direction des travaux de l'Exposition actuelle, et M. Krantz, dans un de ses derniers rapports au ministre de l'agriculture et du commerce, disait de ce savant ingénieur : « Confiés à l'habile et énergique direction de M. l'ingénieur en « chef Duval, les travaux ont suivi une marche régulière et mé- « thodique. Sans précipitation et sans grands efforts appa- « rents, ils ont été exécutés avec une remarquable activité. Il « serait difficile de faire plus vite, plus économiquement et « mieux. »

M. Davioud (Gabriel-Jean-Antoine) est né à Paris, le 30 octobre 1823. Élève de l'École des Beaux-Arts à vingt et un ans, il remportait le second prix de Rome en 1849, et le prix départemental en 1850.

Plus tard, il occupa successivement les postes de conducteur des travaux de la mairie du Panthéon, de sous-inspecteur des nouvelles Halles, d'inspecteur des Écoles, et d'architecte-inspecteur des plantations et promenades de la Ville de Paris. La plupart des constructions du bois de Boulogne, les grilles, les serres, les maisons des gardes, les embarcadères, ont été exécutés d'après ses plans. Ses services lui valurent les fonctions d'architecte en chef des promenades de Paris. Le parc Montceau, le Jardin d'Acclimatation, le Panorama des Champs-Élysées, la place du Châtelet et les deux théâtres qui l'ornent, le square des Arts-et-Métiers, la fontaine Saint-Michel et celle de la place du Châtelet sont ses œuvres.

En collaboration avec M. Bourdais, il fut, en 1876, lauréat du concours pour la construction du palais du Trocadéro.

M. Bourdais (Jules) est né en 1835, à Brest (Finistère). A vingt-deux ans, il sortait de l'École centrale avec le diplôme d'ingénieur.

Pendant cinq ans, après de nombreux travaux aux compagnies des chemins de fer du Nord et de l'Ouest, il occupa les fonctions d'architecte de l'arrondissement de Brest. Il compte au nombre de ses travaux des églises, des maisons d'écoles, des mairies, le cercle de l'Union artistique de la place Vendôme, le palais de justice du Havre, etc. En 1870, il était nommé membre de la Commission consultative de la Ville de Paris et fait chevalier de la Légion d'honneur.

M. Hardy (Amédée) est né en 1829, à Paris. Après avoir suivi les cours de l'École des Beaux-Arts, d'où il sortit à l'âge de vingt ans, il fut nommé à l'emploi d'architecte diocésain de Nancy. En 1862, il fut chargé, comme architecte en second, des constructions françaises de l'Exposition universelle de Londres, et, en 1867, il fut nommé architecte du palais du Champ de Mars. Ses services furent récompensés par la croix de chevalier de la Légion d'honneur.

II

Description des emplacements affectés à l'Exposition universelle et au palais du Trocadéro, aux Annexes, Exposition d'agriculture, Exposition maritime, Aquariums d'eau de mer et d'eau douce.

L'Exposition universelle de 1878 est établie sur les terrains du Champ de Mars et de la colline du Trocadéro. Deux palais immenses en forment les principales parties : celui du Champ de Mars et celui bâti au sommet du Trocadéro. Ce dernier survivra à l'Exposition et restera comme une preuve éclatante de ce que peut faire une nation active, vivace et laborieuse, au lendemain de désastres inouïs.

La Seine sépare en deux parties inégales les terrains affectés à l'Exposition, et le pont d'Iéna se trouve précisément dans l'axe des deux palais.

Pour isoler complétement du public extérieur le vaste rec-

tangle, formé par la réunion du Champ de Mars et du Trocadéro, deux routes ont été creusées le long des quais : l'une sur
la rive droite, l'autre sur la rive gauche de la Seine. Sur la rive
gauche, la route a 8 mètres de largeur et fait communiquer
le quartier du *Gros-Caillou* au quartier de *Grenelle*. Sur la rive
droite, elle a 20 mètres de largeur ; elle fait communiquer le
quartier des *Champs-Élysées* à celui de *Passy*, et reçoit, en
outre, la ligne des tramways du Louvre à Saint-Cloud, Boulogne
et Sèvres. Un pont a dû naturellement être établi sur chacune
de ces routes. Celui de la première a 40 mètres de largeur
et est en pierre de taille ; celui de la rive droite, en fonte, a
30 mètres de largeur.

Au bout de la route encaissée de la rive gauche, sur l'avenue
de Suffren, à l'angle du parc du Champ de Mars, se trouve la
gare du palais. Elle communique directement à la ligne du
chemin de fer de ceinture et à la gare Saint-Lazare (chemins
de fer de l'Ouest), et sert à amener les voyageurs sur les terrains de l'Exposition.

En outre, d'autres emplacements ont encore été affectés à
l'Exposition en quantité considérable. Toute l'étendue des
quais et des berges sur les deux rives de la Seine, dans l'intervalle des deux palais, contient diverses installations, usines,
pavillons, etc., etc. Deux immenses annexes parallèles, en bois,
suivent les contours du quai d'Orsay, de l'avenue de Labourdonnaye au pont de l'Alma, et servent à l'exposition de l'agriculture. Cet espace a une superficie de 22,000 mètres carrés,
et sa surface couverte est d'environ 10,000 mètres carrés.

L'exposition d'agriculture est reliée au Champ de Mars par
une large passerelle jetée sur l'extrémité nord de l'avenue de
Labourdonnaye, où le public extérieur circule, allant vers la
tranchée couverte de la rive gauche, ou débouchant de cette
tranchée pour remonter l'avenue.

Sur la berge de la rive gauche, où un terrassement considérable a été établi, avec rampes permettant d'accéder
jusqu'au fleuve, est installée l'exposition de la marine, celle
des ports de commerce, et l'*aquarium marin*. Cette plate-forme
contient des bâtiments en bois couvrant une surface totale de
6,800 mètres carrés. Le manque d'espace au Champ de Mars,
ainsi que la nécessité de renouveler fréquemment l'eau de mer
et de la faire venir par bateaux, ont engagé l'administration à
construire l'aquarium marin sur la berge. Celui d'eau douce se
trouve dans les terrains du Trocadéro, entre l'aile droite du
Palais et le Palais algérien.

Enfin un réseau de voies ferrées parcourt tout le Champ

de Mars, autour et dans l'intérieur des galeries, partant de la gare dont nous avons parlé plus haut; et un wagon venant du coin le plus reculé de l'Europe arrive ainsi directement à pied d'œuvre sans rompre charge.

Nous allons maintenant nous occuper du palais du Champ de Mars, et décrire le plus complétement et le plus brièvement possible les diverses parties de cette colossale construction.

III

CHAMP DE MARS

Palais de l'Exposition. — Description complète. — Galerie des Beaux-Arts, sections étrangères; constructions nationales de chaque pays.

Ce palais a 706 mètres de longueur sur 310 de largeur. Il a la forme d'un rectangle. Les deux grands côtés sont limités par les galeries des machines, qui ont 26 mètres de haut sur 35 de large. Il a une superficie de 240,000 mètres carrés.

Au milieu, sur le grand axe, se trouve la galerie des Beaux-Arts, bâtie en pierre. Cette galerie est interrompue à son centre, sur un tiers environ de sa longueur. On avait eu d'abord l'intention d'établir dans cette solution de continuité un beau parc central dans lequel auraient été creusés des bassins et construit un vaste kiosque où un orchestre nombreux et choisi aurait exécuté les plus beaux morceaux de nos répertoires; mais la Ville de Paris a choisi cet emplacement pour y bâtir le pavillon de son Exposition. A tout seigneur tout honneur, naturellement; nous décrirons tout à l'heure ce pavillon, l'une des merveilles de ce monde de merveilles.

La galerie des Beaux-Arts divise donc le palais en deux parties longitudinales égales. Celle qui est du côté de l'avenue de Labourdonnaye est affectée aux exposants français ; l'autre, du côté de l'avenue de Suffren, appartient aux exposants étrangers. Les intervalles compris entre les galeries des machines et la galerie des Beaux-Arts sont occupés par d'autres galeries longitudinales, au nombre de trois de chaque côté de la galerie des Beaux-Arts, de dimensions régulières, et affectées aux différentes industries, au mobilier, au vêtement, à l'alimentation, aux arts libéraux, etc., etc. Ces dernières galeries sont établies sur des sous-sols, profonds de trois mètres, qui communiquent par d'immenses boyaux (galeries d'aération) à tout le périmètre du Champ de Mars. L'air extérieur afflue dans ces sous-sols et, à travers le plancher des galeries, vient continuellement renouveler celui de l'intérieur du palais.

Rien n'est déposé dans les vastes sous-sols dont nous venons de parler: cet espace est uniquement réservé aux conduites d'eau et de gaz et à l'aération du palais.

On sait quelles difficultés rencontre toujours le renouvellement de l'air dans des bâtiments aussi importants. Dans le palais des Champs-Élysées, l'air extérieur arrive par des conduites souterraines qui débouchent dans des piédestaux élevés de quelques mètres, et sur lesquels sont disposés des groupes, des statues, etc. Mais cela constitue un moyen d'aération très-imparfait, en dépit de sa bonne distribution et en raison du petit nombre de bouches d'air, relativement à l'immense capacité du vaisseau. Dans le palais du Champ de Mars, au contraire, c'est à travers toute l'étendue du vaste parquet, par les jointures des feuilles, que l'air circule et se renouvelle. Il y a donc une généralité d'action dans le mouvement ascensionnel, et, vu l'étendue considérable du débouché qui lui est offert, les visiteurs ne ressentent aucunement l'influence de cet immense courant d'air. Sa vitesse est bien trop faible pour cela, elle est d'ailleurs presque nulle. En d'autres termes on n'est pas exposé, comme cela arrive toujours sur la grille d'un calorifère ou d'une bouche d'air, à recevoir subitement un courant d'air chaud ou froid pour être, deux pas plus loin, replongé dans la température normale de l'air ambiant.

Comme nous l'avons fait remarquer, la partie ouest du palais, entre la galerie des Beaux-Arts et l'avenue de Suffren, est affectée aux expositions étrangères.

Cette partie est divisée en sections parallèles, d'inégales surfaces, en tranches pour ainsi dire, appartenant à chaque nation exposante. Ces tranches sont parallèles et perpendiculaires au grand axe du palais. Ce qui fait que, partant de la galerie centrale des Beaux-Arts, et suivant une direction perpendiculaire à cette dernière, on va jusqu'à la galerie du vêtement, en dehors de la galerie des machines, en restant toujours dans la même nation. Une disposition semblable avait d'ailleurs été adoptée pour l'Exposition de 1867: le palais était elliptique, et chaque portion affectée à une nation particulière partait du centre pour atteindre, en s'élargissant, à la périphérie.

Toutes les galeries, sauf celle des Beaux-Arts, sont en tôle et en fonte. Quand le palais sera démonté, il pourra être vendu en détail. Les villes dépourvues de halles et de marchés, d'églises, de hangars, etc., pourront largement s'y approvisionner de ce qui leur sera nécessaire, et la majeure partie des charpentes métalliques est déjà vendue depuis longtemps.

Aux deux extrémités du grand rectangle du palais sont deux admirables galeries formant vestibules et ayant toute la largeur des deux façades. Elles ont 26 mètres de hauteur sur 25 mètres de largeur. Les plafonds sont ornés de caissons et de rosaces d'une dimension extraordinaire, en plâtre et carton-pierre, peints et dorés. L'effet de cette ornementation est des plus imposants.

Aux quatre angles du palais, aux extrémités des galeries des machines, sont quatre dômes de 46 mètres de hauteur. De la plate-forme de ces dômes, on découvre un panorama splendide, et l'on voit surtout l'ensemble du palais et du parc du Trocadéro.

La section étrangère, au Champ de Mars, est partagée entre les nations suivantes, à partir de l'extrémité faisant face à la Seine :

1° *Angleterre et Canada;*
2° *États-Unis;*
3° *Suède et Norwége;*
4° *Italie;*
5° *Japon;*
6° *Chine;*
7° *Espagne;*
8° *Autriche-Hongrie;*
9° *Russie;*
10° *Suisse;*
11° *Belgique;*
12° *Grèce;*
13° *Danemark;*
14° *Amérique centrale et méridionale;*
15° *Gouvernement annamite, Perse, Siam, Maroc, Tunisie;*
16° *Grand-Duché de Luxembourg, Monaco, République de Saint-Marin;*
17° *Portugal;*
18° *Pays-Bas;*

L'exposition la plus considérable est celle de l'*Angleterre*, qui occupe environ le quart de toute la surface donnée aux puissances étrangères. Puis viennent celle de l'*Autriche-Hongrie*, de la *Belgique*, de l'*Italie* et de la *Russie*. En outre, plusieurs puissances ont encore des emplacements considérables dans le parc du Trocadéro et dans celui du Champ de Mars. L'*Espagne* a trois emplacements au parc du Champ de Mars et un au Trocadéro. La principauté de *Monaco* en a un dans le parc du Champ de Mars. L'Angleterre a d'immenses annexes dans les jardins du Champ de Mars, le long de l'avenue de Suffren. L'Autriche-Hongrie, la Suisse, les États-Unis, la Belgique, la Russie, les Pays-Bas, ont également des annexes et des emplacements dans les mêmes jardins, à peu près sur la continuation de leurs expositions respectives dans le palais.

La Perse, la Tunisie, la Chine, le Japon, la Suède et la Norwége, le Maroc et l'Algérie ont des emplacements et des bâtiments dans le parc du Trocadéro.

Une des plus grandes curiosités du Champ de Mars est sans contredit la série des façades qui ont été construites devant chaque section étrangère, à partir du vestibule nord jusqu'au vestibule sud du palais, le long et en face de la galerie des Beaux-Arts. Cette dernière est isolée des constructions du Champ de Mars par deux chemins sablés, un de chaque côté. En parcourant le chemin qui longe la galerie des Beaux-Arts, du côté des sections étrangères, on passe successivement devant les constructions élevées par chacune des nations que nous avons énumérées plus haut, et le coup d'œil dont on jouit est réellement féerique.

C'est d'abord le pavillon du prince de Galles, auprès duquel s'élèvent de petites constructions en briques artistement décorés, et qui reproduisent des types de maisons indiennes.

Puis vient la façade du bâtiment suédois et le poste-caserne des vingt-huit soldats du génie de cette nation envoyés tout exprès, deux mois auparavant, pour la construction et l'installation de l'exposition suédoise-norwégienne.

Ensuite, la façade monumentale de l'Italie, décorée en terre cuite rouge, et dont les doubles arceaux font un effet superbe;

Les façades originales du Japon et de la Chine;

La magnifique construction espagnole, une des plus belles certainement;

Celle de l'Autriche-Hongrie;

Celle de l'hôtellerie russe, dont la partie inférieure est formée de grosses poutres arrondies et très-curieusement reliées par un genre particulier de mortaises;

Le beau chalet suisse, surmonté d'un pigeonnier, le tout colossal;

La façade du monument belge, entièrement construite en marbre gris, mêlé çà et là de quelques échantillons d'une pierre jaunâtre particulière, et qui est un véritable chef-d'œuvre d'architecture gothique. Les meilleurs sculpteurs belges ont décoré cette façade;

Les façades de Monaco, du Luxembourg et de Saint-Marin occupent peu de place, mais n'en sont pas moins curieuses et fort élégantes.

Même observation pour celles de la Perse, de Siam, du Maroc et de Tunis.

Celle du Portugal est d'une richesse inouïe. Les cloisons mitoyennes qui devaient séparer l'exposition de cette nation de celles de ses voisines ont été remplacées par des arcades dont l'effet est merveilleux, et dont les motifs sont tirés de divers monuments portugais. C'est M. l'architecte Léon Pascal qui a dirigé ces remarquables travaux. La première arcade, à partir de la façade, est la reproduction de celles du cloître de *Belem*, la deuxième représente l'une de celles du cloître du couvent de *Batalha*; c'est la plus belle. L'architecture portugaise attire l'attention des visiteurs du Champ de Mars autant que celle de la section de Belgique.

Celle-ci est un type de construction grandiose et majestueuse; celle-là un résumé de tout ce que le ciseau du sculpteur peut produire de délicat et de gracieux. L'arcade du cloître de *Batalha* n'est qu'une immense dentelle. Toutes ces moulures sont faites en plâtre, carton-pierre ou staff, appliqués sur des pans de bois ou des lattis.

En résumé, voici la liste des constructions que les diverses nations exposantes ont élevées sur les terrains du Champ de Mars ou du Trocadéro :

L'*Angleterre* :— Une des façades de l'abbaye de Westminster et divers types de constructions indiennes;

L'*Autriche* :— Une maison d'Inspruck, une chaumière et une ferme hongroise;

La *Belgique* : — Le Beffroi de Louvain, une école et une maison de Malines;

Le *Brésil* : — Une chaumière;

La *Chine* : — Une villa de Tien-Tsin :

Le *Danemark* : — Une ferme;

L'*Égypte* : — Une maison de Moucharabi;

Les *États-Unis* : — Une maison se démontant;

La *Grèce* : — La maison de *Périclès*;

La *Hollande* : — Une tour des fortification de Hoort-Holland et une maison d'Amsterdam;

Les *Indes anglaises* : — La façade d'un palais de Lahore;

Le *Japon* : — Une maison d'Yokohama et une tour en porcelaine;

La *Perse* : — Le dôme du palais de Téhéran;

La *Russie* : — Une auberge, avec clocher doré;

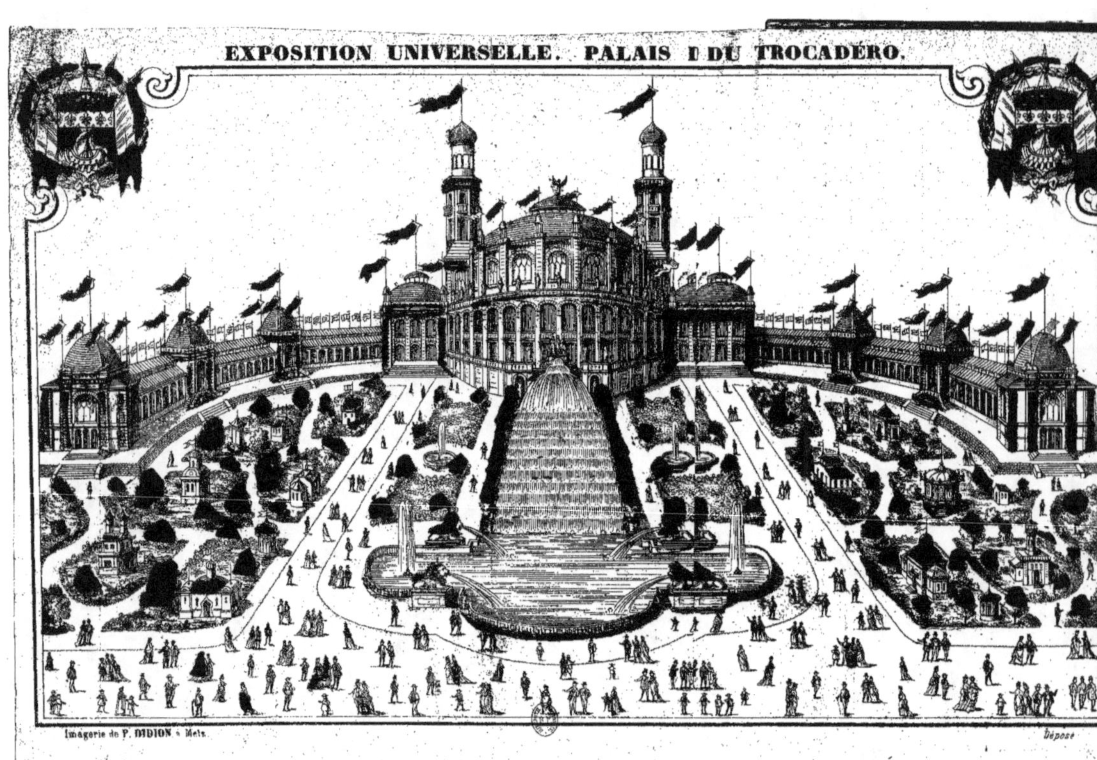

EXPOSITION UNIVERSELLE. PALAIS DU TROCADÉRO.
Imagerie de P. DIDION à Metz.
Déposé

Le royaume de *Siam :* — Une maison;

Suède et Norwége : — La tour de la maison de Gustave Wasa et une maison de la Dalécarlie;

La *Suisse :* — Un chalet avec pigeonnier;

Tunis : — Un minaret;

Le *Tyrol :* — Un hôtel de ville.

IV

CHAMP DE MARS

Jardins, Parc. — Guide du visiteur dans l'Exposition. — Esplanade des Invalides. Exposition des animaux vivants. — Pont d'Iéna.

Tout autour du palais, l'espace circonscrit entre les avenues de Lamothe-Piquet, de Suffren, de Labourdonnaye et la Seine, est occupé par des jardins. Entre la façade nord et la Seine, se trouve un parc considérable, contenant le bâtiment du Creusot; celui du Ministère de l'Agriculture, du Commerce et des Travaux publics; celui de l'Agriculture espagnole; de la Compagnie des Fonderies et des Forges de Terre-Noire; de la Compagnie du Gaz; du Chauffage et de l'Éclairage; de la Société de secours aux blessés; de nombreuses serres; un grand restaurant français et un restaurant étranger.

Outre ces constructions, le parc contient deux grandes pièces d'eau, d'un fort bel effet, entourées d'arbres nombreux. Au bord de l'une d'elles, s'élève un monticule surmonté d'un petit kiosque, du pied duquel tombe une cascade; ce monticule est orné d'arbres résineux et de fleurs variées. Au bord de l'autre pièce d'eau, est établi un monticule plus considérable sous lequel est une grotte de vastes dimensions et dont les rocailles sont admirablement réussies. Des stalactites et des stalagmites nombreuses en tapissent l'intérieur; on croirait réellement que ces rochers, couverts de lierre, de buissons et de plantes grimpantes, datent de plusieurs milliers d'années.

Les jardins créés autour du palais sont aussi fort remarquables. La Ville de Paris y a placé tout ce qu'elle a de plus beau en fait de fleurs et d'arbustes.

De chaque côté du monument, dans les jardins, le long des avenues de Labourdonnaye et de Suffren, de puissants générateurs de vapeur ont été installés. Il y en a cinq du côté de l'avenue de Labourdonnaye et quatre du côté de l'avenue de Suffren. Toutes les cheminées de ces véritables usines ont plus de 30 mètres de hauteur et sont en briques rouges et jaunes très-gracieusement mélangées, sauf l'une de celles qui sont du côté de l'avenue de Labourdonnaye; celle-là, construite par la compagnie de Fives-Lille (Nord), est entièrement en tôle boulonnée, a la même hauteur que les autres, et a été montée d'une seule pièce.

Dans le sol des deux galeries latérales des machines se trouve une conduite de fonte qui reçoit, par des branchements latéraux, la vapeur des générateurs; c'est à cette conduite centrale que les machines prennent la vapeur qui leur est nécessaire pour fonctionner. Des bouches communiquant au réseau d'égouts du Champ de Mars sont aussi ouvertes près de la conduite de vapeur, tout le long des galeries, et reçoivent les eaux de condensation des cylindres.

Dans la galerie des machines de la section étrangère, il y a largement la place nécessaire pour recevoir les appareils qui ont été exposés; aussi toute l'étendue de cette galerie n'est-elle même pas prise par les exposants étrangers, et de fort grands espaces vides y existent-ils; mais il n'en est pas de même du côté de la section française. La galerie des machines de ce côté a été reconnue complétement insuffisante, et deux immenses annexes ont été établies, sur la même ligne, parallèlement au palais, de chaque côté de la grande porte d'entrée située entre les bâtiments de l'Administration, pour recevoir le supplément des machines françaises. Ces deux annexes, larges de 15 mètres, ont chacune une longueur de 320 mètres. Elles sont en bois.

Dans les jardins qui se trouvent entre la façade sud du palais et l'École militaire, plusieurs grands bâtiments ont aussi été élevés : ce sont ceux du Ministère de l'Intérieur, de la boulangerie autrichienne, des électriciens, de la verrerie, de la grosse céramique, des fondeurs de cloches, et deux fort grands restaurants : celui de la maison Duval et celui de M. Gangloff; car la question alimentaire, en ce qui concerne les visiteurs de l'Exposition universelle, a fait aussi l'objet des préoccupations de l'Administration. On peut manger à tout prix, et les visiteurs peuvent parfaitement satisfaire leurs goûts, en consultant toutefois leur porte-monnaie, et trouver le repas de 20 francs par tête comme celui de 1 fr. 50. Tous ces restaurants, qui sont d'ailleurs très-nombreux, sans compter les quatre buffets établis à chaque angle du palais, sont à prix fixe.

Nous allons maintenant énumérer succinctement, d'après leur

ordre dans les galeries, les divers groupes et classes de la section française.

Le visiteur entrant dans le palais par le grand parc laisse à sa droite l'entrée de la galerie des Beaux-Arts, qui est sur le grand axe du bâtiment, et, pénétrant dans la première galerie qui se présente à lui, il traverse successivement les expositions nivantes :

Ministère de l'Instruction publique. — Enseignement supérieur. — Enseignement secondaire. — Enseignement primaire. — Librairie. — Imprimerie. — Instruments de précision. — Médecine, hygiène et assistance publique. — Papeterie, reliure, matériel des arts de la peinture et du dessin. — Épreuves et appareils de photographie. — Applications usuelles des arts du dessin et de la plastique. — Cartes et appareils de Géographie et de Cosmographie. — Instruments de musique.

Le visiteur est arrivé ici auprès du vestibule faisant face à l'École militaire. Il tourne à gauche et pénètre dans la galerie qu'il rencontre immédiatement; se dirigeant cette fois vers l'extrémité opposée, vers le parc, il traverse successivement les expositions suivantes :

Maroquinerie. — Tabletterie et vannerie. — Parfumerie. — Appareils d'éclairage et de chauffage par le gaz. — Tapis, tapisseries et autres tissus d'ameublement. — Papiers peints. — Coutellerie. — Horlogerie. — Orfévrerie. — Cristaux, verrerie et vitraux. — Céramique. — Meubles à bon marché et meubles de luxe. — Ouvrages de tapisseries et de décoration. — Bronzes d'art et métaux repoussés. — Fonte d'art.

Le visiteur se trouve maintenant au vestibule faisant face au parc du Champ de Mars. Il tourne à droite et pénètre dans la galerie qu'il rencontre de suite. En remontant cette galerie jusqu'à son extrémité opposée, il traverse successivement les expositions suivantes :

Armes à feu. — Art militaire. — Fils et tissus de lin et de chanvre. — Fils et tissus de coton. — Fils et tissus de soie. — Fils et tissus de laine peignée. — Fils et tissus de laine cardée. — Dentelles, tulles et passementeries. — Joaillerie et Bijouterie. — Bonneterie, lingerie et accessoires du vêtement. — Habillements des deux sexes. — Châles, — Bimbeloterie. — Objets de voyage et de campement.

Arrivé au vestibule faisant face à l'École militaire, le visiteur tourne à gauche, entre dans la galerie qu'il rencontre immédiatement, et parcourt les divisions suivantes :

Cuirs et peaux. — Produits chimiques et pharmaceutiques. — Produits et engins de la pêche et de la chasse. — Produits chimiques de teinture et d'impression, blanchiment et apprêt. — Produits agricoles. — Produits des exploitations forestières. — Produits des exploitations des mines et de la métallurgie.

Arrivé au vestibule faisant face au parc, le visiteur tourne à droite et pénètre dans la galerie des machines à vapeur et autres. Il la parcourt jusqu'à son extrémité opposée, tourne à gauche, et, entrant dans la dernière galerie, il visite les expositions suivantes :

Céréales. — Sucres et produits de la confiserie. — Boulangerie et pâtisserie.—Corps gras. — Aliments et œufs. — Viandes, poissons, légumes et fruits. — Boissons fermentées. — Carroserie. — Sellerie. — Bourrellerie. — Charronnage.

Le visiteur est revenu dans le vestibule du parc. Il y pénètre, le parcourt dans la moitié de sa longueur, et se trouve devant la galerie centrale, celle des *Beaux-Arts*, qui est divisée en un grand nombre de salles irrégulièrement disposées, soit de front, soit à la suite les unes des autres, et qui sont les suivantes :

Costumes. — Portraits historiques. — Trois pièces pour les Beaux-Arts de l'Angleterre. — Trois pour l'Italie. — Norwége. — Suède. — États-Unis. — Dix pièces pour la France.

Ici est la grande solution de continuité de la galerie des Beaux-Arts, dans laquelle est construit le pavillon d'exposition de la Ville de Paris, dont nous parlerons tout à l'heure.

Traversant ce pavillon suivant son grand axe, le visiteur entre dans la deuxième partie de la galerie des Beaux-Arts et visite successivement :

Sept pièces pour la France. — Autriche-Hongrie (trois pièces). — Espagne. — Russie (deux pièces). — France. — Suisse (deux pièces). — Portugal. — Danemark. — France. — Pays-Bas (trois pièces). — Et les pièces suivantes, pour la France, contenant les expositions ci-après : Décors et maquettes, machines théâtrales. — Manufactures nationales. — Diamants de la Couronne. — Teintures, décorations de l'art industriel.

Ici, le visiteur est arrivé au vestibule de la façade donnant du côté de l'École militaire. Il peut, avant de revenir sur ses pas pour visiter le bâtiment de la Ville de Paris, au centre du Palais, voir les divers bâtiments qui se trouvent dans le jardin de ce côté, et que nous avons énumérés plus haut.

Le pavillon de la *Ville de Paris* se trouve entre les deux façades monumentales de la galerie des Beaux-Arts, au centre même du palais, comme nous venons de le dire, et a 92 mètres de long sur 37 de large.

Il est entièrement construit en tôle et en fonte, et son architecture est fort élégante. La préfecture de la Seine a contribué aux frais de construction pour une somme de 300,000 francs.

Six magnifiques portiques donnent accès dans l'intérieur.

Ils sont encadrés dans de fort beaux pylônes qu'ornent des faïences de diverses couleurs.

Les expositions des différents services de la Ville occupent les surfaces suivantes :

Beaux-Arts, 810 mètres superficiels ; — *Enseignement public*, 500 ; — *Plan de Paris et voie publique*, 125 ; — *Assistance publique*, 250 ; — *Canalisation souterraine*, 625 ; — *Architecture*, 565 ; — *Préfecture de police*, 65 ; — *Administration générale*, 60 ; — *Travaux historiques*, 130 ; — *Promenades*, 300.

Autour du bâtiment, la ville a réuni ce qu'elle possède de plus merveilleux dans de nombreuses serres.

Un autre pavillon, extrêmement remarquable aussi, est celui du *Ministère des travaux publics*, dans le grand parc du palais, à gauche de l'entrée principale, près de l'avenue de Labourdonnaye, entre les expositions du Creusot et de la classe 27 (éclairage et chauffage). Il a 40 mètres de long sur 15 de haut.

Dans une salle de 25 mètres de long sur 15 de large sont exposés des modèles en relief, dessins, plans, etc., des travaux exécutés par le service des ponts et chaussées depuis la dernière Exposition universelle, c'est-à-dire depuis 1873 (Exposition de Vienne). Il y a là une grande quantité de modèles réduits : viaducs, tunnels, ponts, etc., et une grande carte des services publics en France.

Dans d'autres salles se trouvent des échantillons de matériaux de construction employés le plus habituellement. Une autre salle contient une exposition des livres, ouvrages de toute nature, etc., servant à l'enseignement dans les écoles des mines et des ponts et chaussées.

Un système nouveau et excellent de ventilation renouvelle constamment l'air de l'intérieur du bâtiment.

Au-dessus du pavillon, une tour élevée de 24 mètres contient un phare éclairé au moyen d'appareils *magnéto-électriques*.

En résumé, l'exposition du Ministère des travaux publics, l'une des plus intéressantes, porte sur les services suivants :

1° *Routes et ponts* ; 2° *Chemins de fer* ; 3° *Navigation intérieure, rivières et canaux* ; 4° *Travaux maritimes, ports de mer* ; 5° *Phares et bolides* ; 6° *Élévation et distribution des eaux, barrages, canaux d'irrigation, alimentation des villes* ; 7° *Carte géologique détaillée de la France* ; 8° *matériaux de construction* ; 9° *École des ponts et chaussées* ; 10° *École des mines*.

Enfin, outre les vastes terrains pris sur les berges de la Seine et sur les deux quais, comme l'emplacement nécessaire à l'Exposition universelle n'était pas encore complet, quatre des six grands rectangles qui constituent l'*Esplanade des Invalides* ont été affectés à l'exposition des animaux vivants.

Le *Rapport* de M. Krantz, sur la situation des travaux préparatoires au 1er novembre 1877, indique nettement la succession des expositions particulières qui auront lieu du 1er mai au mois de novembre.

« Les aménagements sont disposés pour recevoir, du 5 au 18 juin, de 1,200 à 1,500 bœufs, avec un assortiment considérable de moutons, porcs, chèvres, lapins et oiseaux de basse-cour. A cette première exposition succédera, dans le courant du mois de septembre, celle des races chevaline et asine. Nous disposerons nos premières installations de manière à fournir 750 boxes convenables aux animaux que les éleveurs français et étrangers voudront bien nous confier.

«Dans l'intervalle, entre les deux expositions principales, aura lieu l'exposition de la race canine dont il est difficile, dès aujourd'hui, de préjuger l'importance. La surface couverte par nos diverses constructions n'est pas moindre de 14,000 mètres carrés.»

De l'Esplanade des Invalides, le visiteur redescend le quai d'Orsay, dans la direction du palais du Champ de Mars, et se rend sur les terrains du Trocadéro en passant sur le *pont d'Iéna.*

Disons quelques mots du travail très-curieux qui a été fait sur ce pont pour l'élargir et le faire en même temps servir de support pour les conduites d'eau qui doivent alimenter les jardins et le palais du Champ de Mars.

On avait eu d'abord l'idée de surélever de cinq mètres le tablier du pont, de l'élargir considérablement, et de le couvrir, de manière à en faire une longue galerie, à l'aspect réellement monumental, dans laquelle un grand nombre d'exposants auraient placé leurs produits. Le projet n'avait qu'un inconvénient : l'immense galerie couverte aurait masqué le palais du Trocadéro, qui n'aurait été vu qu'imparfaitement du palais du Champ de Mars.

On s'est donc borné simplement à élever le tablier un peu au-dessus des parapets. Il est placé sur 37 poutres métalliques qui débordent de cinq mètres de chaque côté, et qui pèsent chacune 6,000 kilogrammes. Une grille élégante, en fer ouvragé, tient lieu de garde-corps de chaque côté du tablier. Des remblais disposés aux deux extrémités du pont le mettent de niveau, d'un côté avec les terrains surélevés du parc du Champ de Mars, et de l'autre avec le pont jeté sur la tranchée de la rive droite.

Après avoir passé ce deuxième pont, d'une longueur de 20 mètres, le visiteur se trouve devant le palais du Trocadéro.

V

TROCADÉRO

Palais. — Cascades. — Jardins.

Ce n'est pas d'aujourd'hui que l'on a eu l'idée de construire
un palais sur la colline du Trocadéro. Déjà, en 1808, l'Empereur
Napoléon Ier avait décrété qu'une imposante construction de ce
genre y serait faite en l'honneur du *Roi de Rome*. Les travaux
préparatoires de ce palais furent commencés, travaux gigan-
tesques dont on retrouva les traces en 1867, lors de la transfor-
mation de la colline en jardins, et, en 1876, quand on fit les
travaux nécessités par la fondation du palais actuel.

Ce qui étonne tout d'abord, quand on visite ce magnifique
monument, ce sont les souterrains qui le supportent. Établi
sur les carrières et catacombes du Trocadéro, le palais a nécessité des travaux de fondations d'une importance extraordinaire. En certains endroits, les fondations ont plus de *dix-huit
mètres de profondeur* au-dessous du rez-de-chaussée. Des arcs
en maçonnerie, d'une ouverture d'environ douze mètres, et
séparés par une distance de quatre mètres, composent ces
sous-sols. Tout le long de cette ligne de voûtes, courent d'autres
galeries voûtées, de moindre largeur.

Sous la *Salle des Fêtes* et sous la *Cascade*, se trouvent également d'autres sous-sols très-importants. Dans ceux de la Cascade, sont disposées les machines qui mettent en jeu les eaux
de cette cascade et des nombreux bassins disposés sur les
côtés.

Le *palais du Trocadéro*, au lieu d'être construit suivant une
ligne droite, forme cette courbe spéciale que l'on nomme en
architecture *anse de panier*. Au centre de cette vaste courbe,
longue d'environ 400 mètres, se trouve une salle, dont le diamètre intérieur est de 50 mètres, et qui a, par conséquent,
plus de 150 mètres de tour. Cette salle est entourée extérieure-
ment d'un large péristyle. De chaque côté de cette rotonde,
sur laquelle nous reviendrons tout à l'heure, se trouve un vestibule destiné à servir d'entrée à chaque galerie latérale, et, en
même temps, de passage pour pénétrer de la *place du Trocadéro* dans le parc de ce palais. Ces vestibules ont, au rez-de-
chaussée, 24 mètres de longueur sur 16 de largeur. Le plafond

à 6 mètres de hauteur et est supporté par huit colonnes mono-
lithes en marbre du Jura. Ce plafond est en fer et orné de très-
beaux caissons en staff. Le carrelage, comme d'ailleurs celui
des péristyles, est en mosaïque du plus bel effet, du même mo-
dèle que celle de l'Opéra. De ces deux vestibules partent les
deux ailes curvilignes du palais, longues chacune de 150 mètres. Chaque aile, ou galerie, est divisée en trois parties égales
par des pavillons fort élégants, dont les dômes surmontent de
plusieurs mètres le niveau général de la toiture de la galerie.

L'extrémité de chaque aile se termine par un pavillon colossal, dont l'architecture sévère est parfaitement en rapport avec
celle du pavillon central.

Ce pavillon central, *Salle des Fêtes*, n'a pas son pareil dans
toute la France. C'est un monument unique, tant pour la ma-
jesté de sa construction que pour ses dimensions. La hauteur
intérieure de la voûte est de 32 mètres. La hauteur extérieure,
en comprenant la statue qui couronne la coupole, est égale à
celle de Notre-Dame de Paris, c'est-à-dire à 68 mètres. De
chaque côté de la coupole s'élèvent deux tours, dont la hauteur
totale est de 83 mètres, et qui ont, par conséquent, 15 mètres
de plus que les tours de Notre-Dame. C'est, de beaucoup, le
point le plus élevé de Paris, et déjà, de la terrasse qui entoure
la coupole, les visiteurs jouissent d'un coup d'œil réellement
magnifique.

Quarante statues sont placées sur les piliers extérieurs qui
entourent cette vaste coupole, qui a cinq mètres de diamètre de
plus que la coupole de Saint-Pierre de Rome.

La salle, spécialement destinée à l'audition de grands or-
chestres, a été admirablement construite sous le rapport de
l'acoustique. Elle peut contenir jusqu'à 7,000 auditeurs, tous
assis à l'aise. A cet effet, un vaste amphithéâtre, entourant
toute la salle, s'élève à 18 mètres de hauteur. Dans la conque
de la salle se trouve l'emplacement réservé aux musiciens. Au-
dessus est un orgue monumental, construit par le célèbre fac-
teur, M. Cavaillé-Coll, et qui se compose de quarante-six jeux,
de trois claviers, et d'une pédale de trente-deux pieds. Cet
orgue est destiné à l'église d'Auteuil et sera, après l'Exposition,
remplacé par un autre de dimensions encore plus considérables.

En temps ordinaires, la scène contient de 400 à 500 musiciens. Mais un plancher mobile peut y être adapté, et alors
1,500 musiciens y prennent place.

L'emplacement destiné au public est divisé ainsi qu'il suit :
1° Un parterre à gradins ;

2° Un rang de baignoires ;

3° Un rang de loges découvertes ;

4° Et un amphithéâtre pouvant contenir, à lui seul, plus de 4,000 spectateurs.

5,000 becs de gaz éclairent cette salle unique.

Une agglomération aussi considérable de personnes a nécessairement une grande influence sur l'air intérieur, qui doit être promptement vicié. Mais les architectes ont prévu le cas, et un système aussi ingénieux que puissant permet de ventiler la salle avec la plus grande facilité. Ce système est celui qui a déjà été mis en usage à l'Opéra de Vienne et au théâtre de la Monnaie, à Bruxelles.

Ainsi la salle peut recevoir jusqu'à 200,000 mètres cubes d'air nouveau par heure. Cet air y est introduit par un grand nombre de bouches ménagées sur le pourtour intérieur de la coupole. D'autres orifices placés sous les gradins communiquent à des appareils qui aspirent l'air vicié. Ces résultats sont obtenus au moyen de quatre grands ventilateurs à hélices, dont deux servent à refouler de l'air dans la salle et deux à l'en extraire. Deux machines à vapeur de quinze chevaux chacune, disposées dans les sous-sols, servent à faire fonctionner ces appareils.

Au-dessus de la coupole de la *Salle des Fêtes* se trouve une statue colossale de la *Renommée*, œuvre de M. *Antonin Mercié*. Elle est en cuivre repoussé et fabriquée par M. *Mauduit*. Cette statue a 4 mètres de hauteur.

Les deux tours qui sont de chaque côté de la coupole, et qui ont 83 mètres de hauteur, supportent chacune un phare très-puissant. En outre, et pour épargner aux visiteurs le long et pénible parcours des escaliers qui conduisent au sommet, elles contiennent un ascenseur de dimensions inconnues jusqu'ici.

On voit que le palais du Trocadéro peut rivaliser avec certains palais des contes des *Mille et une nuits*.

Devant la grande rotonde, dans l'axe général des palais du Trocadéro et du Champ de Mars, se trouve la principale merveille du palais, la *Cascade*. Elle se compose de grottes élevées, en pierres de taille gigantesque, surmontées d'un large bassin qui reçoit d'abord les eaux. Devant les grottes se trouve un deuxième bassin où tombent en vastes nappes les eaux du sommet de la cascade, en passant devant les grottes, qui ne sont ainsi vues qu'au travers d'un rideau liquide étincelant.

Viennent ensuite six vasques, plus larges que longues, et cintrées. Elles sont étagées les unes au-dessous des autres, et les eaux du deuxième bassin roulent ainsi successivement, de l'une à l'autre, jusqu'à une septième vasque, de la même dimension que le deuxième bassin. De là enfin, les eaux retombent dans un dernier bassin, de 40 mètres de long sur 65 de large.

De chaque côté des vasques se trouvent, dans la large bordure qui les circonscrit, d'autres bassins plus petits et allongés (4 m. 50 de long sur 2 mètres de large), d'où émergent des jets d'eau.

25,000,000 de litres d'eau tombent chaque jour de la cuvette supérieure. Les jets d'eau latéraux encadrent merveilleusement les nappes tumultueuses qui se précipitent comme un torrent le long de la cascade; et désormais les habitants de Paris pourront voir chez eux ce qu'ils allaient admirer à Versailles et à Saint-Cloud.

Du grand bassin inférieur émergent quatre admirables statues représentant les quatre parties du monde.

Le service des eaux, comme on le voit aisément, a dû nécessiter des travaux considérables, et il forme une des sections les plus importantes du travail merveilleux exécuté au Trocadéro. En outre du décor féerique du palais — de la *Cascade*, — il y avait lieu de s'occuper des chances d'incendie, soit de ce palais, soit de celui du Champ de Mars, et, dans ce double but, deux canalisations distinctes, quoique se reliant en certains points, ont été établies sur les vastes terrains des deux rives de la Seine.

La première canalisation, qui n'est d'ailleurs que temporaire, est exclusivement affectée au service des pompes en cas d'incendie. L'eau est puisée dans la Seine, au quai de Billy, par de puissantes machines à vapeur et elle va s'emmagasiner à Passy, dans l'un des bassins de la Ville de Paris. Une conduite de 60 centimètres de diamètre part de ce bassin, passe sous le boulevard du Roi-de-Rome, sous la voûte de la *Cascade*, sur le pont d'Iéna (sous le nouveau tablier) et, devant le grand vestibule du palais du Champ de Mars, se divise en deux branchements qui englobent complétement ce palais.

Les diverses parties de ces deux branches sont reliées par d'autres conduites d'un bien plus faible diamètre, sur lesquelles sont des prises d'eau destinées à alimenter les pompes à vapeur. Seize de ces bouches ont 10 centimètres de diamètre. Quatre-vingt-quatre autres bouches, d'un diamètre moindre, sont disséminées soit dans les jardins, soit dans les sous-sols du palais du Champ de Mars. Des trappes sont disposées au-dessus pour la facilité et l'instantanéité du service. Celles des sous-sols, au nombre de cinquante-huit, sont munies d'une manche de 25 mètres de longueur. L'eau de cette première canalisation est soumise à une pression qui peut la faire s'élever jusqu'à 30 mètres de hauteur. La partie de la conduite qui passe sous la voûte de la Cascade fournit l'eau jaillissante nécessaire aux deux jets d'eau latéraux et à la gerbe centrale du grand bassin inférieur. Cette même conduite fournit également diverses branches, autour de la grande rotonde du palais du Trocadéro, pour parer à toutes les éventualités d'incendie.

La deuxième canalisation part également des bassins de Passy, par de larges tuyaux de 60 centimètres de diamètre, et fournit l'énorme quantité d'eau nécessaire à la consommation de la grande cascade. C'est elle qui produit également les jets d'eau des petits bassins courant le long de cette dernière, et celui du bassin situé sur la place du Trocadéro, devant la façade extérieure du palais, opposée à la Cascade.

En sortant du vaste bassin inférieur, l'eau est reçue dans deux tuyaux de 60 centimètres de diamètre, qui traversent le pont d'Iéna, le long du tuyau de la canalisation à haute pression, suivent ce dernier devant le palais du Champ de Mars, puis se recourbent à angle droit, l'un à gauche, l'autre à droite, et suivent le premier tuyau dans sa course autour du palais. L'eau de la deuxième canalisation sert aux générateurs de vapeur et à l'arrosage des jardins et du parc du Champ de Mars et du Trocadéro. La série de tuyaux de fonte employés pour ces deux canalisation ne pèse pas moins de 3,000,000 de kilogrammes, et, rien que pour la soudure des raccords, plus de 40,000 kilos de plomb ont été employés.

Terminons enfin ce qui concerne la Cascade en disant qu'elle mesure 100 mètres de longueur sur 25 de largeur dans sa partie la plus étroite. La largeur du bassin inférieur, nous l'avons déjà dit, est de 65 mètres.

Parlons maintenant des deux galeries curvilignes du palais : c'est là qu'a lieu l'exposition rétrospective de l'art ancien. Comme le dit avec beaucoup d'esprit le docteur Mandl, ce n'est pas « le bibelot » que ces galeries sont chargées de glorifier, ce n'est pas la curiosité de l'ignorant, le noyau de cerise qui a manqué de faire tomber une célèbre cantatrice, qui doit y figurer, mais l'objet d'art qui trahit le travail et l'inspiration, qui porte le cachet de sa nationalité, du pays qui l'a vu naître, l'a fait se développer et mûrir, et qui est un des documents de l'histoire du peuple. »

Cette exposition comprend une série considérable d'objets anciens, appartenant soit à l'État, soit aux particuliers qui ont bien voulu les prêter à l'administration. Il y a des objets d'une époque extrêmement reculée, puis les antiquités se classent dans l'ordre chronologique, depuis Pharamond jusqu'à l'avénement de Napoléon I".

Les expositions étrangères de l'art rétrospectif suivent également une classification semblable, depuis les temps les plus reculés jusqu'à environ 1800.

L'une des galeries est affectée aux objets d'art de l'Europe ; l'autre, aux expositions des quatre autres parties du monde. Elles sont garnies de vitrines de 2ᵐ.60 de hauteur, en fer. A partir de cette hauteur jusqu'au plafond, des tapisseries recouvrent les murs, dont la hauteur totale est de 7 mètres, la largeur de la galerie étant de 12ᵐ.80. Dans le péristyle ouvert qui court tout le long de la façade intérieure des galeries et se continue autour de la rotonde, sont exposés les objets de forte dimension, moulages, statues, etc., auxquels le contact de l'air ne peut être aucunement préjudiciable. L'exposition de l'art rétrospectif est divisé en dix sections, qui sont les suivantes :

1° Art primitif et antiquités des Gaules ;

2° Sculpture, glyptique ;

3° Numismatique, médailles, sigillographie ;

4° Céramique ;

5° Manuscrits, livres incunables, dessins, reliures ;

6° Armes et armures ;

7° Orfévrerie, ivoire, cristaux, bijoux ;

8° Ameublements, étoffes, tapisseries ;

9° Etnographie des peuples étrangers à l'Europe ;

10° Instruments anciens de musique.

Après avoir admiré le palais et les collections qu'il renferme, le visiteur redescend dans les jardins qui couvrent l'immense étendue de terrain entre le palais et la Seine, et sa curiosité trouve de nombreux aliments dans les divers pavillons qui ornent tout cet espace.

Mais tout d'abord ce qu'il faut visiter dans toutes ses parties, c'est l'*aquarium d'eau douce.*

Cette gigantesque construction se trouve à peu près vis-à-vis du grand pavillon de tête de la galerie de gauche. Elle a deux issues, une entrée et une sortie, qui communiquent au dehors par deux escaliers en rocaille.

L'entrée ouvre sur une salle d'assez grande dimension, autour de laquelle sont disposés un certain nombre de viviers. La cloison des viviers, du côté des visiteurs, est en glace très-épaisse. Cette première salle est un peu sombre, mais très-pittoresquement ornée, comme la grotte du parc du Champ de Mars, par de nombreuses stalactites et stalagmites. Deux longues

galeries partent du fond de cette salle, divergeant à droite et
à gauche, et se rejoignant à l'extrémité opposée de l'aquarium
devant l'issue de sortie.

Une foule de viviers sont disposés le long de ces galeriss. Sur
les voûtes de l'aquarium, de gracieux jardins ont été plantés,
et des lichens, des lierres, etc., serpentent et poussent dans
les anfractuosités des rochers qui émergent çà et là au-dessus
des voûtes.

L'aquarium contient environ cent quarante viviers, tous à
ciel ouvert. Il a été construit par M. Combaz.

Après l'aquarium, un des plus importants pavillons à visiter
est celui de l'*Algérie*.

Le bâtiment, dont la construction a été confiée à M. l'architecte Wable par M. le gouverneur général Chanzy, est un
résumé de tout ce que l'art mauresque a produit de plus pur
et de plus élégant. Divers motifs de décoration et d'architecture
du pavillon ont été empruntés aux plus célèbres palais et
mosquées de l'Algérie, et surtout de la province d'Oran, riche
en ces sortes de monuments.

Tlemcen a surtout inspiré l'architecte; et la porte d'entrée
du palais algérien est l'exacte reproduction de celle de la
fameuse mosquée de *Sidi-ben-Houredi*. Elle est élégamment
ornée de dessins et de faïences émaillées. La haute tour qui
surmonte l'angle de gauche du palais est la reproduction du
minaret de la mosquée d'*El-Mansouck*. Cette tour a 30 mètres
d'élévation. Aux trois autres angles du bâtiment s'élèvent aussi
des tours, mais d'une bien moins grande hauteur.

Le palais algérien a 35 mètres de largeur et 55 de longueur.
Au milieu, dans l'intérieur, se trouve un fort beau jardin, orné
de plantes et d'arbres du pays. Une élégante fontaine complète l'ornementation du jardin. Autour de ce dernier sont
quatre grandes galeries, dans lesquelles sont disposés les
produits de l'exposition algérienne. Des trophées d'armes indi-
gènes, des instruments de musique, des étoffes, des échantillons de plantes textiles (*diss*, *alfa*, *drinn*), des mannequins-
types des diverses races, en costumes nationaux, des produits
végétaux et minéraux en grand nombre, des collections d'oiseaux, etc., etc., ornent le pourtour de ces galeries, et font de
l'exposition algérienne une exposition à part, très-curieuse et
très-visitée, étant surtout donné son caractère de colonie
française.

Une grande carte murale de l'Algérie et de nombreuses pho-
tographies ornent une salle particulière, qui contient en outre
des aquarelles et des dessins nombreux représentant les diverses

branches de l'industrie coraillère, les bateaux et engins employés à la pêche du corail, etc.

Le nombre des exposants algériens est d'environ 2,000.

Nous ne saurions décrire maintenant toutes les expositions particulières de chaque nation. Comme nous le disions en commençant, il nous faudrait, même pour ne parler que très-succinctement de tout ce qui peut être vu et admiré dans l'Exposition universelle, un volume autrement considérable que celui-ci. Le visiteur a donc encore bien des choses à voir dans le jardin du Trocadéro, et il peut étudier successivement les pavillons de la *Chine*, du *Japon*, de *Suède*, de *Norwége*, de la *Perse*, de *Tunis*, du *Maroc*, le *Campanile suédois*, les *plates-bandes hollandaises*, ravissante exposition de fleurs ; le pavillon spécialement destiné à l'exposition des insectes, ceux de l'Administration des *Eaux* et *Forêts* ; celui de la *Bacologie* et celui de la *Météorologie* ; il y a, en outre, plusieurs grands restaurants.

L'exposition florale hollandaise, dirigée par M. Galesloot, se trouve près de la grande cascade, et se compose particulièrement d'échantillons artistement assortis des célèbres tulipes de *Haarlem*. Il y a là plus de 50,000 pieds de tulipes. Ce vaste et magnifique parterre représente, au moyen des différentes colorations de ces belles fleurs, les armes de la ville de Haarlem, qui sont, comme on le sait, une épée debout entourée de quatre étoiles, deux de chaque côté de la lame ; au-dessus de la pointe est une croix, et autour de l'ensemble sont tracées deux ellipses concentriques. Dans l'intervalle supérieur des deux ellipses est écrit le mot *Haarlem* ; dans l'intervalle inférieur, le mot *Holland*.

L'épée est formée de tulipes blanches avec bordure de tulipes rouges. Les quatre étoiles et la croix ont la même composition. Les deux ellipses sont faites avec des tulipes panachées, du plus charmant effet ; et enfin les lettres sont faites avec des tulipes rouges bordées de tulipes blanches. Ce parterre a 15 mètres de longueur sur 13 de largeur.